ECOLOGIA

UM MODO PONDERADO DE EXPLICAR ÀS CRIANÇAS A PRESERVAÇÃO DO MEIO AMBIENTE

3ª Edição, 2000
1ª Reimpressão, 2004

Título Original
Conservation
A Thoughtful way of explaining
Conservation to children

Publicação em Língua Inglesa
Hill of Content Publishing Company Pty Ltd

Diretor Editorial
Jefferson L. Alves

Gerente de Produção
Flávio Samuel

Assistente Editorial
Alexandra Costa da Fonseca

Revisão
Alexandra Costa da Fonseca

Editoração Eletrônica
Antonio Silvio Lopes

Dados Internacionais de Catalogação na Publicação (CIP)
(Câmara Brasileira do Livro, SP, Brasil)

Dunkle, Margaret
Ecologia : um modo ponderado de explicar às crianças a preservação do meio ambiente / Margaret Dunkle ; [ilustrado por] Robert Ingpen ; tradução José Paulo Paes. – 3. ed. – São Paulo : Global, 2000. – (Coleção vida nova)

Título original: Conservation.
ISBN 85-260-0623-1

1. Recursos naturais – Conservação – Austrália – Literatura infanto-juvenil I. Ingpen, Robert, 1936-. II. Título. III. Título: Um modo ponderado de explicar às crianças a preservação do meio ambiente. IV. Série.

99-2005 CDD–28.5

Índice para catálogo sistemático:

1. Austrália : Recursos naturais : Conservação : Literatura infanto-juvenil 028.5

Global Editora e Distribuidora Ltda.
Rua Pirapitingüi, 111 – Liberdade
CEP 01508-020 – São Paulo – SP
Tel.: (11) 3277-7999 – Fax: (11) 3277-8141
E.mail: global@globaleditora.com.br
www.globaleditora.com.br

Nº de catálogo: **2096**

ECOLOGIA

MARGARET DUNKLE e ROBERT INGPEN

tradução
JOSÉ PAULO PAES

global
EDITORA

Nosso mundo: nossa casa.
Um mundo de muitas casas.
Toda coisa viva, cada uma delas, tem a sua própria casa em algum lugar do mundo. E essas casas, todas juntas, fazem uma casa enorme.
A casa de todas as coisas vivas.

Nosso mundo visto do espaço

Preservar é uma maneira de cuidar
do nosso mundo, assim como cuidamos
de nossas casas. Usando a nossa inteligência e bom
senso a fim de mantê-la segura, torná-la
bonita e confortável, consertar
qualquer estrago ou avaria, preservá-la
para o futuro.

Fizemos mudanças em nosso mundo para tornar
nossas vidas mais confortáveis – para melhorar
nosso estilo de vida.
A preservação é um modo de lembrar-nos
de que se mudarmos nosso mundo irrefletidamente
podemos causar sérios danos, talvez para sempre.
Mas se as mudanças forem sadias, seguras
e sensatas, podemos até melhorar nosso mundo.

Podemos aprender a preservar olhando para o passado. Os erros cometidos por nossos antecessores podem nos ensinar o que não fazer. Mas também podemos estudar os acertos deles para usá-los em nossos planos atuais e futuros. Fazendo isso, poderemos também aprender a considerar e estimar as coisas úteis e belas do passado.

Olhe o mundo de hoje à sua volta
e pense na preservação dele.
Podemos planejar como cuidar
melhor do nosso mundo descobrindo
maneiras de evitar o desperdício de recursos,
os danos ao meio ambiente e a destruição da vida.
Quando fazemos isso, aprendemos a compreender
que limites deve ter o progresso, o que
devemos e o que não devemos fazer
ao nosso mundo.

Crianças etíopes no mundo atual

Quando refletimos sobre preservação, podemos olhar para o futuro. Como será nosso mundo dentro de cem anos? Preservar significa usar a imaginação para planejar o futuro que desejamos, de modo que os que vierem depois de nós possam herdar o melhor mundo possível.

Seja no passado, no presente ou no futuro, temos sempre de fazer escolhas: decidir entre o certo e o errado, o bom e o mau. A preservação nos ajuda a ver que nada em nosso mundo é tão simples assim. Pois significa decidir o que é o MELHOR em cada caso, considerando o bom e o mau, vantagens e desvantagens para todos, hoje e amanhã.

A preservação do meio ambiente nos ajuda a achar
um caminho em todas as escolhas complicadas
e a ver o que é importante preservar, seja
algo muito velho ou muito novo, estranhamente
complexo ou desapontadoramente simples.
O melhor de tudo está sempre ali se soubermos
como procurá-lo.
A preservação nos ajuda a procurar.

Uma borboleta nova e um velho instrumento de navegação

HOROLOGIVM NOCTVRNVM
EDIA NOX
TAVRVS
GEMINI
CANCER
LEO
VIRGO
LIBRA
SCORPIVS
SAGITTARI
MAIVS
AVGVST
SEPTEMB
OCTOBER
NOVEMB
DECEMBE

Imagine uma região deserta, de belas montanhas.
Um lugar de silêncio e quietude mágicos.
Um lugar onde florestas, criaturas e rios são livres. Há pessoas que querem represar os rios e gerar eletricidade para as cidades, derrubar as florestas e tirar a madeira.
Outras querem cortar as árvores adultas e plantar novas mudas para substituí-las.
Outras ainda querem preservar a natureza selvagem, mas com estradas e lugares de acampar para que as pessoas possam vir, nos feriados, escutar o silêncio e sentir a quietude.
Um quarto grupo quer manter a natureza selvagem intacta, livre como é e a salvo de visitantes.

Região montanhosa deserta

Pense agora num velho e imponente edifício
no meio de uma movimentada cidade moderna.
Há pessoas que o querem derrubar e erguer ali
um novo edifício comercial, um banco ou hotel.
Outras pessoas o querem conservar tal como é,
precioso fragmento do passado.
Um terceiro grupo quer salvar, como lembrança, só
parte dele, e construir à volta um novo edifício.
Um quarto grupo quer formar uma comissão para
discutir o que se deveria fazer do edifício.

Torre antiga com relógio

Pense em todas as razões de manter bichos selvagens em prisão, longe de seu meio natural. Será que o pensamento preservacionista admite parques de animais, aquários e zoológicos? Claro que há muitas outras situações em que a melhor escolha do que fazer depende de aplicar o bom senso ao pensamento preservacionista. Mas às vezes erramos na escolha ou demoramos tanto a escolher que perdemos algo para sempre.

Pássaro dodo, visto pela primeira vez em 1599 e pela última vez em 1681

Alguns animais selvagens têm de ser cuidados e correm perigo de extinção porque seu ambiente e modo de vida natural está sendo destruído ou alterado por pessoas e pela sua tecnologia. Por exemplo, até há pouco as baleias eram caçadas com tal imprevidência que foram quase inteiramente destruídas. Só no último momento as pessoas ouviram os preservacionistas e, alarmadas com os fatos, insistiram em que as nações fizessem leis para proteger essas grandes criaturas do mar.

Baleia de corcova (jubarte)

Inventamos maneiras de alterar nossas próprias vidas e as de outras criaturas.
Quando picadas de mosquito se tornaram perigosas ou incômodas, e ervas daninhas se alastraram nas plantações, e vermes atacaram os pomares, a tecnologia criou fortes venenos químicos contra essas pragas. Mas foram usados com tal descuido e exagero que envenenaram quase tudo ao redor.
De novo, por advertência dos preservacionistas, os perigosos venenos químicos foram substituídos por métodos de controle mais seguros e sensíveis.

No pior dos casos, nosso mundo corre hoje perigo se ignorar o pensamento preservacionista. Pode-se usar urânio para tornar nossa vida mais segura e confortável, ou destruí-la. Infelizmente, usar ou não energia nuclear é questão complicada. Como sobre montanhas desertas, velhos edifícios ou mesmo zoológicos, diferem as idéias e valores das diferentes pessoas sobre como usá-la.

Lançamento de foguete

Felizmente, há uma Estratégia Mundial de Preservação que pode ajudar os que se preocupam com o nosso mundo. Ela diz que nosso modo de viver só se pode sustentar se preservarmos os recursos vivos, plantas e animais, de que depende nossa vida, equilibrando o desenvolvimento com a preservação. Esta nos garante meios de reparar os danos já feito à terra, ao ar e à água, sem abrirmos mão da tecnologia e do progresso.

As florestas, *como famílias, se estendem por gerações que completam suas vidas e são substituídas a seu tempo.*
A grande diferença é que as florestas, quando ainda jovens, são abatidas para construir casas, granjas e cidades.

As árvores *são como guarda-chuvas erguidos para abrigar-nos do sol, do vento e da chuva.*
A grande diferença é que as árvores abrem seus ramos para proteger pássaros, animais e a terra.

Florestas e árvores

FORESTS
are like families,
spanning generations, fulfilling their lives
and being replaced in time.
The big difference is
that forests are felled whilst in their prime
to build homes and farms and cities.
NATIONAL CONSERVATION STRATEGY FOR AUSTRALIA
RESOURCES FOR LIFE
WOODS AND FORESTS DEPARTMENT, SOUTH AUSTRALIA

TREES
are like umbrellas,
raised to shelter us
from the sun and wind and rain.
The big difference is
that trees spread their canopies
to protect birds and animals and the land.
NATIONAL CONSERVATION STRATEGY FOR AUSTRALIA
RESOURCES FOR LIFE
DEPARTMENT OF ENVIRONMENT AND PLANNING, SOUTH AUSTRALIA

A vida selvagem *é como um segredo escondido das outras pessoas no fundo de nossa mente.*
A grande diferença é que o segredo é nosso e podemos revelá-lo, mas a vida selvagem só a terra a pode partilhar.

Os Parques Nacionais *são como promessas, símbolos de nossos valores e crenças. Exprimem esperança e segurança.*
A grande diferença é que os parques estão prometidos aos nossos descendentes e nós temos de ser seus guardiões.

WILDLIFE
are like secrets,
hidden in the recesses of our mind
from the view of other people.
The big difference is
that secrets are ours to give away
but wildlife are all the earth's to share.
NATIONAL CONSERVATION STRATEGY FOR AUSTRALIA
RESOURCES FOR LIFE
DEPARTMENT OF ENVIRONMENT AND PLANNING, SOUTH AUSTRALIA

NATIONAL PARKS
are like promises,
symbols of our values and trust,
providing hope and security.
The big difference is
that parks are promised to the unborn
and need us as their guardians.
NATIONAL CONSERVATION STRATEGY FOR AUSTRALIA
RESOURCES FOR LIFE
DEPARTMENT OF ENVIRONMENT AND PLANNING, SOUTH AUSTRALIA

As dunas *costeiras são como idéias continuamente criadas e expressas mas que às vezes se desvanecem sem deixar traço. A grande diferença é que dunas e praias não são formadas pela mente mas pelo mar, pelo vento e pelo tempo.*

Os mangues *são como berçários, pois alimentam e abrigam os filhotes, preparando-os para o mundo lá fora. A grande diferença é que cuidamos dos berçários com zelo e atenção; os mangues têm de se arranjar sozinhos.*

Dunas costeiras e mangues

COASTAL DUNES
are like ideas,
continually being created and shaped,
sometimes vanishing without trace.
The big difference is
that dunes and beaches are not formed by the mind
but by the sea and wind and time.
NATIONAL CONSERVATION STRATEGY FOR AUSTRALIA
RESOURCES FOR LIFE
DEPARTMENT OF ENVIRONMENT AND PLANNING, SOUTH AUSTRALIA

MANGROVES
are like nurseries,
nurturing and sheltering the young,
preparing them for the world beyond.
The big difference is
that we tend nurseries with care and devotion
but mangroves are left to fend for themselves.
NATIONAL CONSERVATION STRATEGY FOR AUSTRALIA
RESOURCES FOR LIFE
DEPARTMENT OF ENVIRONMENT AND PLANNING, SOUTH AUSTRALIA

A energia *é como dinheiro, sempre escorrendo pelos dedos,*
sem perdas ou ganhos.
A grande diferença é que a energia da natureza não pode ser
perdida e o sol e os ventos e as marés estão sempre conosco.

Os rios *são como uma conversa, longa ou breve,*
interessante ou chata, repousante ou instigadora.
A grande diferença é que os rios são feitos de água
e peixes, árvores e pássaros, não de palavras.

ENERGY
is like money,
often slipping through our fingers
without trace or gain.
The big difference is
that nature's energy cannot be lost
and the sun and winds and tides are always with us.
NATIONAL CONSERVATION STRATEGY FOR AUSTRALIA
RESOURCES FOR LIFE
DEPARTMENT OF MINES AND ENERGY, SOUTH AUSTRALIA

RIVERS
are like conversations,
long or short, fresh or dull,
restful or challenging.
The big difference is
that rivers are water and fish, trees and birds,
not words.
NATIONAL CONSERVATION STRATEGY FOR AUSTRALIA
RESOURCES FOR LIFE
DEPARTMENT OF ENVIRONMENT AND PLANNING, SOUTH AUSTRALIA

As diretivas estabelecidas pela Estratégia Global de Preservação foram aprovadas por muitos povos do mundo. Povos que as vêem como um modo de ajudar todos a pensarem e agirem conjuntamente para proteger e preservar nosso mundo: nosso lar. Para mantê-lo seguro, torná-lo confortável e belo, reparar qualquer dano ou perturbação, e preservar o melhor de tudo para o futuro.

As oito ilustrações de cartazes "Reservas de Vida", nas páginas anteriores, são reproduzidas com a aprovação do Departamento de Meio Ambiente e Planejamento do Sul da Austrália. Eles foram publicados para comemorar a adoção na Austrália de uma Estratégia Nacional de Preservação.